AF324460

EXTRAIT

DE

L'INSTRUCTION DE M. TESSIER.

EXTRAIT

DE

L'INSTRUCTION DE M. TESSIER

SUR LES BÊTES A LAINE,

ET PARTICULIÈREMENT SUR LA RACE DES MÉRINOS;

CONTENANT

La manière de former de bons troupeaux, de les multiplier et soigner convenablement en santé et en maladie;

Ouvrage mêlé de considérations particulières au département du Pas-de-Calais, et destiné aux Cultivateurs et aux Bergers de ce département,

PAR M' HURTREL-D'ARBOVAL,

Correspondant, amateur et praticien vétérinaire, membre de plusieurs sociétés savantes;

Publié par la Société d'Agriculture, de Commerce et des Arts de Boulogne-sur-mer.

———

BOULOGNE.

Imprimerie de LEROY-BERGER, grande rue, N° 34.

1811.

L'instruction sur l'éducation des bêtes à laine, par
Mr Tessier, se trouve à Paris chez Mme Huzard, imprimeur-
libraire, rue de l'Éperon, n° 7, et chez les principaux
libraires du département du Pas–de–Calais. 1 vol. in-8°,
2e édition.

EXTRAIT

DE

L'INSTRUCTION DE Mr TESSIER

SUR LES BÊTES A LAINE,

ET PARTICULIÈREMENT SUR LA RACE DES MÉRINOS.

Son Excellence le Ministre de l'Intérieur a adressé à la Société d'Agriculture, du Commerce et des Arts de Boulogne, un exemplaire d'une Instruction sur l'éducation des bêtes à laine, et particulièrement sur la race des mérinos, publiée par M. Tessier, membre de l'Institut, inspecteur-général des bergeries impériales. Cet important ouvrage ne saurait être trop connu des propriétaires de troupeaux et des bergers du département du Pas-de-Calais, où l'amélioration des laines fait de grands progrès chaque jour : c'est afin de répondre aux intentions de Son Excellence que la Société m'a engagé à lui en présenter une analyse suffisante pour que sa publication déterminât les propriétaires et cultivateurs à se procurer l'ouvrage de M. Tessier, où ils pourront trouver les renseignemens les plus précieux et des développemens étendus qu'il n'est pas possible de réunir dans un simple extrait.

Je désire avoir rempli les vues de la Société qui m'a confié l'exécution de ce travail, et donner à mes concitoyens une nouvelle preuve du zèle et du dévouement que je mettrai toujours à effectuer ce qui pourra leur être utile.

<hr>

§ Ier.

Des races des bêtes à laine répandues dans le département du Pas-de-Calais, et de la connaissance de leur âge ; de l'emploi qu'on en peut faire pour former des troupeaux de métis, de progression et de race pure, et des moyens d'en tirer avantage.

Race indigène. Les bêtes à laine de race indigène sont assez connues partout pour n'exiger ici aucun détail sur leurs proportions et leurs formes. Il suffit d'observer qu'elles sont robustes, peu délicates à l'air, et d'assez bonne taille. Elles portent une toison de médiocre qualité ; mais elles ont une chair excellente et recherchée, surtout celle de ces animaux qui vivent près de la mer et qui paissent les *prés salés*, dont l'herbe, quoique très-courte est très-friande.

Race de Flandre. La race des bêtes à laine de Flandre, originaire des Indes, a été importée en Europe et placée dans le Texel et en Flandre, par les hollandais. Elle est remarquable par sa haute taille et la longueur de son corps. La brebis peut donner chaque anuée plusieurs agneaux. Cette race n'a jamais été très-répandue dans le département, et les toisons qu'elle fournit sont un peu plus fortes, mais ne sont guères plus belles que celles des moutons de race purement commune.

Race Mérinos. Les bêtes à laine d'Espagne, objet spécial de cet ouvrage, forment une race fort supérieure aux autres, par les qualités qui la distinguent éminemment. Le mérinos est d'une taille moyenne, sa forme est plutôt arrondie que longue et plate : sa tête n'est presque pas busquée ; son dos n'est presque pas cambré ; son corps a de l'amplitude, ses jambes sont courtes : on en voit qui ont des fanons comme celui de la gorge du cerf ; il y en a dont les joues, le dessous de la ganache et le front sont entièrement couverts de laine, qui quelquefois descend sur les yeux. Il s'en trouve aussi qui ont des plis aux épaules, aux fesses et au cou.

Les mâles ont les testicules gros et pendans, séparés par un sillon longitudinal très-prononcé : ils ont des cornes épaisses, larges, contournées en spirale, et d'une grande étendue. Tous n'en sont pas pourvus : ceux qui n'en ont point, ne forment pas pour cela une classe particulière.

La laine, qui doit surtout attirer l'attention, est abondante, frisée, élastique, soyeuse, très-tassée, moins longue que celle des races communes, également fine dans toute la longueur de ses filamens, et d'une blancheur remarquable. Le suint étant considérable, fixe la poussière et l'ordure, et donne à la toison l'aspect d'une couleur grise ;

mais la blancheur paraît entièrement au lavage, et même en écartant les filamens ou les brins dont les mèches sont composées.

La brebis mérinos peut vivre vingt ans, et même au-delà. Elle va communément jusqu'à quinze ans, et conserve souvent sa fécondité pendant tout ce tems. Il en est à-peu-près de même du mâle.

Les mérinos ne dégénèrent pas dans notre climat, comme on l'a dit, surtout s'ils sont gouvernés avec soin et intelligence, et ils n'exigent pas plus de soins ni une autre nourriture que les bêtes communes, comme on l'a cru ou voulu croire : ils engraissent de même que les autres races, quand ils sont dans de bons pâturages, et dans un état habituel de bonne santé. C'est à tort, par préjugé, ou par prévention, qu'on a contesté ces vérités.

De la connaissance de l'âge. L'âge des bêtes à laine, pendant les cinq premières années de leur vie, est indiqué par les dents de devant ou incisives. On les divise en pinces, premières mitoyennes, secondes mitoyennes, et coins. Les deux pinces occupent le milieu; les deux premières mitoyennes sont à côté, les deux secondes mitoyennes sont près des deux premières, et les deux coins sont les plus éloignés des pinces. Les bêtes à laine n'ont de dents incisives qu'à la machoire inférieure; un bourrelet cartilagineux en tient lieu à la machoire supérieure. La première année, il paraît huit dents incisives, qui sont des dents de lait : l'animal porte alors le nom d'*agneau* ou d'*agnelle*, selon qu'il est mâle ou femelle. Il naît avec ces huit dents, ou s'il lui en manque quelques-unes, elles ne tardent pas à percer. Elles ont peu de largeur, et sont tranchantes par le bout. La seconde année, les deux pinces tombent, pour être remplacées par de nouvelles, plus larges que les six autres qui restent. La troisième année, les deux premières mitoyennes tombent à leur tour ; il leur en succède deux larges, en sorte qu'il y a alors quatre dents larges et quatre de lait. La quatrième année, les deux secondes mitoyennes ont le même sort et disparaissent en faisant place à deux larges ; enfin, la cinquième année, les deux coins ne subsistent plus, et les huit dents sont toutes des dents larges. Dans cet ordre général de la nature, il y a une exception pour la race des mérinos, surtout quand ils sont bien nourris. La chûte de leurs premières dents d'agneau ou de lait précède le plus souvent de six mois l'époque de celle des races indigènes. Cela vient de ce que les mérinos sont originaires du midi, et de ce qu'on les nourrit mieux.

Quand les cinq ans sont accomplis, on ne peut tirer que de faibles et incertaines indications de l'état des dents ; encore faut-il bien s'y connaître et être très-exercé. On se guide alors sur l'usé et la disposition de ces os.

Troupeaux de simple croisement. Quelques propriétaires ont commencé par croiser leurs brebis de race commune avec de beaux métis : ils ont eu, à la vérité, une laine supérieure et plus abondante de moitié, mais ils n'ont obtenu qu'une race composée et irrégulière dans ses formes. Cette race d'abord plus belle que celle des mères, est restée quelque-tems stationnaire, puis elle a décrû, parce que l'influence de ces mères arrêtée et balancée a fini par percer. Ce procédé défectueux doit être rejetté si l'on veut marcher à pas sûrs vers l'amélioration. Il pouvait être toléré avant qu'on en connût le résultat et dans le tems où la rareté et le haut prix des béliers mérinos ne permettaient pas à tout le monde d'opérer de meilleur changement : mais aujourd'hui il serait impardonnable de le soutenir ; le nombre des béliers mérinos est assez considérable pour qu'on ne soit pas excusable de leur préférer des béliers métis, quels qu'en soient la beauté et le prix.

Pour former un bon croisement, on choisira, parmi les brebis de race indigène, les plus belles et les meilleures, et on ne leur donnera que des béliers mérinos de race bien pure, dans la proportion d'un pour 40 brebis environ. La race des agneaux issus de cet accouplement aura un dégré de finesse qui augmentera de génération en génération, et qui doublera les produits de la bergerie. On aura soin de couper tous les mâles métis avant qu'ils soient en état de reproduire, et d'allier toujours les femelles métisses à des béliers de race pure : sans cette attention, l'amélioration rétrograderait.

Troupeaux de progression. Désire-t-on composer sa bergerie de 300 brebis communes, on achetera, pour les croiser, le nombre suffisant de béliers mérinos, et en même tems quelques femelles de cette race prééminente et précieuse, soit 12, soit 8, soit même 4. En employant ce mode, le troupeau se composera, dans les premières années, de deux classes d'animaux ; savoir : 1° de mâles et de femelles métis, issus de l'accouplement de béliers mérinos et de brebis communes ; 2° de mâles et de femelles mérinos, produits par les béliers et brebis de race pure. Le premier soin sera de châtrer tous les agneaux mâles métis, sans y manquer : on gardera quelque-tems les femelles communes et les métisses, dont on se défaira successivement, en commençant par les communes et les métisses des premiers dégrés, à mesure que le nombre des brebis de race pure s'accroîtra. Parmi les béliers qui naîtront de l'accouplement de la portion des brebis pures alliées avec un bélier pur, on choisira les plus beaux pour les monter, et on disposera autrement des autres. Quand on aura la quantité de 300 femelles mérinos, il ne subsistera plus aucune brebis métisse dans le troupeau.

Pour obtenir ce résultat, il faut 11 ans si on commence avec 12 brebis mérinos ; 13 ans, si c'est avec 8 ; et 15 , si c'est avec 4.

On reconnaîtra sans confusion les différentes générations en adoptant des distinctions ineffaçables , comme celles-ci, par exemple : première génération, un trou à l'oreille droite : deuxième génération, un trou à l'oreille gauche : troisième génération, un trou à chacune des deux oreilles : quatrième génération, nulle marque ; il n'y a plus de bêtes communes : cinquième génération, un trou à l'oreille droite ; il n'y a plus de bêtes de première génération : sixième génération, un trou à l'oreille gauche ; il n'y a plus de bêtes de deuxième génération : septième génération un trou à chacune des deux oreilles ; il n'y a plus de bêtes de troisième génération : huitième génération, nulle marque ; il n'y a plus de bêtes de quatrième génération , et ainsi de suite.

Cette marche progressive est infiniment préférable à celle qui a pour objet d'obtenir un troupeau de race pure par le seul concours du croisement. Pour cet effet, on renouvelle à chaque monte les béliers mérinos pendant un certain nombre d'années, et durant l'intervalle on châtre ou on se défait de tous les mâles qui naissent de ces divers béliers. Dès que les agnelles du premier croisement ont deux ans, on n'emploie qu'elles à la propagation , et on vend toutes les mères : on fait la même chose relativement aux agnelles du deuxième croisement, et ainsi de suite ; de sorte que tous les ans le troupeau gagne un dégré vers la race pure. Avec beaucoup de tems , de patience, de soins et d'intelligence, on peut parvenir à obtenir une race très-approchante de la race pure, ainsi que la race pure elle-même ; mais il faut absolument n'employer à la reproduction que des béliers de race pure. Faire servir les mâles provenans du troupeau à la multiplication, serait tomber dans une erreur propre à faire retrograder l'amélioration, ou au moins à la retarder.

Troupeaux entièrement de race pure. Un troupeau de race uniquement pure est bien au-dessus de celui qui n'est que de simple croisement ou de progression. Dès qu'on a la faculté de se le procurer , il n'y a pas à balancer. L'abondance et la qualité de la laine, la valeur intrinsèque des animaux, à quelque prix qu'ils puissent descendre, sont des motifs puissans bien propres à encourager. Mais on doit se tenir en garde , dans les acquisitions, contre ceux qui font une spéculation de cette branche d'industrie. Au lieu d'aller faire leurs achats dans les cavanes (grands troupeaux) distinguées, ils s'adressent, pour la plupart, à des marchands contrebandiers qui leur fournissent des animaux d'une classe inférieure, et quelquefois d'une race qui n'est pas parfaitement pure. Il en résulte que l'établissement languit, et tend à se détériorer de génération en génération. Le parti le plus sûr serait de ne faire ses acquisitions que dans les établissemens nationaux, ou chez les particuliers qui méritent la confiance publique par leurs soins et leur intégrité, et qui sont possesseurs de la race pure.

Des moyens de faire valoir les troupeaux.

Par soi-même. Le cultivateur doit faire valoir son troupeau par lui-même, dans son propre domaine, ou dans celui dont il est le fermier. La surveillance et les soins sont ici commandés par l'intérêt personnel.

L'habitant des villes a deux manières de faire valoir un troupeau : celle de louer d'un fermier des pâturages et des bergeries, et celle du cheptel.

Dans la première de ces deux manières, les produits consistent dans la vente des laines et dans celle qu'on fait chaque année d'un certain nombre d'animaux. Soustraction faite des dépenses de nourriture, des salaires pour les bergers, et des frais de location, le propriétaire peut être assuré d'un revenu très-remarquable, bien au-dessus de toute autre spéculation. Le fermier qui reçoit ainsi le troupeau d'autrui, a pour lui, sans mise-dehors, le prix de la location, le produit du parcage et le fumier des bergeries, pour lequel il n'y a à donner que de la paille, dont il ne peut faire un meilleur usage.

Par cheptel. Donner à cheptel un tronpeau, c'est abandonner pendant un tems déterminé par un bail une partie de son produit, pour en conserver le fonds. Les conditions en varient au gré des contractans : les plus ordinaires sont de partager les bénéfices par moitié, et d'augmenter annuellement le troupeau, de manière à ce qu'à l'expiration du bail, le propriétaire retirant son fonds, le fermier se trouve pourvu d'un troupeau dont la propriété ne lui a coûté aucune avance de fonds. Cette manière de faire valoir est utile au bailleur et au preneur : au bailleur, en lui donnant la facilité d'avoir un troupeau sans être forcé de le diriger lui-même, ni d'acheter ou louer une ferme pour le placer; au preneur, en le mettant à portée de s'en former un peu-à-peu, en quelques années, uniquement par des soins et des sacrifices de fourrage, nourriture et salaire. Dans ce genre de convention, les intérêts des deux parties sont tellement liés, que les absences du bailleur ne font pas souffrir ce qu'il a confié au preneur.

§ 2. *De l'accouplement; de la naissance des agneaux; des soins qu'exigent les bêtes à laine dans leurs logemens, leur nourriture, la conduite aux champs et en voyage. Des bergers et des chiens, et de ce qui concerne la tonte, les toisons, le lavage et le commerce des laines, et la vente des animaux.*

De l'accouplement. Les cultivateurs du département du Pas-de-Calais, et particulièrement ceux des arrondissemens de Boulogne et Montreuil mêlent les béliers aux troupeaux à la fin d'août, et les y laissent jusqu'au commencement de novembre. Les brebis portant cinq mois, tous les agneaux naissent depuis la fin de janvier jusqu'au commencement de mars : ils ont environ deux mois à la naissance de l'herbe printanière. Ils commencent alors à être en état de la paître. Les brebis ont le plus souvent durant l'hiver une nourriture plus substancielle que dans les autres tems de l'année; ce qui est encore favorable à la beauté de la progéniture en espérance.

L'influence des mâles sur les productions étant considérable et très-sensible dans les bêtes à laine, surtout dès les premières générations, la bonté du choix doit surtout tomber sur les béliers, qui influent d'ailleurs sur tout le troupeau, tandis que la brebis n'influe que sur un individu à naître. On ne choisira donc, pour améliorer les races ou pour les empêcher de dégénérer, que les meilleurs béliers, doués des qualités qu'on désire perpétuer. On apportera aussi, autant qu'on le pourra, beaucoup d'attention dans le choix des brebis. Il faudra surtout ne prendre, pour l'accouplement, que des bêtes jouissant d'une bonne santé. On pourra donner aux béliers qui ne seront pas assez ardens, ou aux brebis qui refuseront le mâle, soit quelques jointées d'avoine ou de chenevis, soit de petits morceaux d'oignon ou d'ail mêlés dans du son avec un peu de sel. Il est nécessaire que les mâles et les femelles aient au moins deux ans pour être employés à la réproduction. Quand les béliers ont habituellement des alimens suffisans, il est inutile d'augmenter leur nourriture quelque tems avant et après la monte. Pendant tout le tems de la monte, on écartera du troupeau les agnelles qu'on ne veut pas laisser couvrir avant qu'elles puissent l'être avantageusement. Si quelques-unes de ces jeunes femelles se trouvaient pleines; il faudrait, immédiatement après le part, leur ôter leurs agneaux et les donner à d'autres brebis, ou à des chèvres, ou les nourrir avec du lait de vache. La gestation fatigue moins que l'allaitement, et les brebis fécondées trop jeunes n'éprouvent aucun ralentissement dans leur accroissement si on leur retire leurs agneaux au moment de leur naissance.

De la gestation et de l'allaitement. Toutes les brebis ne conçoivent pas, et plusieurs avortent après avoir conçu : mais il y a des couches doubles, de sorte que le nombre des agneaux se trouve à-peu-près égal à celui des mères.

Plusieurs causes naturelles et accidentelles sont

capables de produire l'avortement. Les causes naturelles sont dans le tempérament et la constitution des femelles. Trop de vigueur fait affluer le sang en trop grande quantité ou avec trop de force vers les vaisseaux de la matrice, et occasionne le décolement des placentas. Quand il y a débilité, le sang manque pour la nourriture du fœtus. On doit saigner et donner moins d'alimens dans le premier cas, et au contraire fortifier dans le second. Les principales causes accidentelles sont : des maladies, une marche forcée ou longue, des sauts, des bonds ; une nourriture trop abondante ou gâtée, ou insuffisante ; un tems défavorable, des coups reçus sur le ventre, sur les flancs, sur les reins ; certaines herbes de la classe de celles qui ont quelque action sur la matrice ; la frayeur, une bergerie dont les portes sont étroites et les jambages anguleux. On peut avec quelques soins éviter presque toutes ces causes.

On reconnaît qu'une femelle est prête à mettre bas lorsque les parties naturelles se gonflent, qu'il sort par la vulve des sérosités appelées *nouillures* et que le pis se remplit de lait.

Ordinairement l'agnellement se fait sans difficultés ; la nature seule opère, et l'art est inutile. Si cependant le part est long et très-laborieux, il exige des secours qui varient suivant la cause et la circonstance, et qui rendent indispensables les soins d'un vétérinaire.

La brebis qui allaite doit être nourrie avec des alimens de bonne qualité et en quantité suffisante.

Le premier lait des mères n'est pas pernicieux comme on l'a dit. Ce premier, dans les femelles de tous les animaux, a toujours une qualité proportionnée à la faiblesse de leurs petits ; et il est destiné par la nature à évacuer le *meconium*, c'est-à-dire les excrémens qui se sont formés dans l'estomac et les intestins pendant la gestation.

On distribuera aux agneaux une nourriture analogue à leur faiblesse et à l'état de leurs dents. On les sortira de tems en tems, aux jours et aux heures où il fait beau, afin qu'ils se développent et se fortifient.

Du sevrage. Les agneaux doivent être sevrés peu-à-peu et par gradation. On cesse d'abord de laisser teter toute la journée et toute la nuit; puis ce n'est plus que la nuit qu'on le leur permet; ensuite on les écarte la nuit de leur mère, et on les réunit deux fois ou une seule fois par jour; enfin, on les sépare totalement. Ces animaux s'oublient les uns les autres, et le lait se tarit insensiblement.

Quand les agneaux viennent tard, ils peuvent être sevrés à deux mois: s'ils viennent de bonne heure, on doit retarder le sevrage proportionnellement à leur force, et à la facilité qu'ils ont de trouver une bonne nourriture dans les pâturages.

Les agneaux mâles seront séparés des brebis à l'âge de cinq à six mois, époque à laquelle ils deviennent en état de féconder, ce qu'il est bien intéressant d'éviter jusqu'à ce que ces jeunes sujets d'espérance aient acquis les qualités d'un animal formé.

De la section de la queue. C'est à un mois ou deux qu'on doit couper la queue aux agneaux, pour parer à la malpropreté et à plusieurs autres inconvéniens. On en fait la section avec un couteau, à trois ou quatre pouces de la naissance de la queue, et de manière à ce que la vulve ne soit pas découverte: il y aurait du danger à couper trop près. L'opération faite, on lâche l'animal sans rien appliquer sur la plaie, qui saigne un peu et sèche après.

De la castration. La castration peut s'opérer à tous les âges; il est cependant plus avantageux de châtrer les béliers dans l'état d'agneaux, depuis trois semaines jusqu'à six mois; ils souffrent moins, et sont moins exposés.

Pour faire cette opération, on incise au bas des bourses; on fait sortir les testicules l'un après l'autre : l'opérateur les saisit chacune à leur tour, et les arrache avec les dents ; il tord le cordon qui cède facilement.

Cette manière ne conviendrait pas pour les béliers de trois ou quatre ans : ils la supporteraient difficilement. On les *bistourne* ou on les *fouette.* Les bornes de cet extrait ne me permettent pas d'entrer dans le détail de ces deux opérations, dont la connaissance peut dailleurs n'être pas très-utile au commun des cultivateurs et des bergers.

Des Bergers et des Chiens.

Des bergers. Sans de bons bergers, point de beaux troupeaux. La profession de berger, devenue importante depuis qu'elle s'exerce sur des animaux de prix, exige de l'intelligence, de la bonne volonté, de la bonne conduite, de l'attention, de la soumission et de la force.

Le savoir des bergers peut se borner à bien dresser les chiens, à conduire à pas lents les bêtes à laine, à les tondre, à les saigner dans l'occasion, à ne pas les mener paître sur des pâturages d'herbes trop vives ou trop humides, à ne pas les laisser trop de tems sur les prairies artificielles,

à les abreuver, à les égayer par le son de quelque instru-
ment champêtre, à leur faire éviter la rosée abondante,
la grande ardeur du soleil, les orages, les pluies froides,
et à ramener sans précipitation le troupeau à la bergerie,
dès qu'une bête est malade aux pâturages au point de
donner de l'inquiétude. Deux chiens bien instruits, une
panetière, un bistouri, une houlette, un fouet, et un petit
pot d'onguent pour les plaies accidentelles, forment tout
l'équipage qui convient aux gardiens des troupeaux.

Ces gardiens, exposés fréquemment à l'intempérie des
saisons, doivent être chaussés et vétus de manière à ne
pas trop se ressentir de leur dangereuse vicissitude. Leur
traitement ne doit pas être établi, comme dans quelques
endroits, sur la permission qu'on leur accorde d'avoir des
bêtes en propriété annexées au troupeau qu'ils gardent;
les moutons du berger sont toujours les mieux soignés et
les mieux nourris, souvent même aux dépens des autres :
il serait mieux imaginé d'assurer un bien-être aux bergers
par des gages convenables, et par des profits dépendans
des ventes, ainsi que des bêtes existantes dans le troupeau
au bout de l'année de la garde, et des agneaux parvenus
à l'âge de six mois. Par ce moyen, l'intérêt du berger se
trouve lié à celui du propriétaire. Le premier a, pour ainsi
dire, une propriété générale quoique indirecte dans le
troupeau : il a intérêt de le conserver en entier, de l'entre-
tenir dans le meilleur état de vente, et de l'approcher
de plus en plus du point de perfection qu'il peut
acquérir.

Des Chiens. Les chiens sont les gardiens des troupeaux
contre leurs ennemis, et ceux des propriétés contre les
troupeaux. Les chiens de berger doivent être courageux,

vifs, vigoureux, déliés, de belle taille, armés d'un collier, et attachés aux bestiaux. S'ils étaient méchans, ils blesseraient ou tueraient même les bêtes.

C'est à l'âge de six mois qu'on commence à les dresser; et à un an ou quatorze mois, leur éducation est faite. L'essentiel est de se procurer une bonne race: celle dite *chien de berger* est la meilleure. On doit aussi étudier le caractère des jeunes chiens. Tant qu'on cherche à les dresser, on aurait tort de les laisser courir avec les autres chiens après les moutons; ils seraient gâtés pour jamais. Le berger les tient en lesse, et il les envoie seuls pour qu'ils ne soient pas troublés. Il les caresse et leur donne quelque chose à manger quand ils font bien leur devoir; il les corrige au contraire chaque fois qu'ils désobéissent et mordent les animaux : souvent il est obligé de leur casser les crochets. Quand il exerce un chien, il se met près du troupeau; peu-à-peu il s'en éloigne, à mesure que le chien se forme; à la fin, de quelque distance qu'on lui ordonne de courir, il fait ce qu'on lui demande et ne manque jamais de partir.

Un bon chien doit obéir ponctuellement, ménager le bétail, être très-surveillant, même méchant au parc.

Des soins qu'exigent les bêtes à laine dans leur logement; leur nourriture, la conduite aux champs et en voyage.

Des Bergeries. Dans les bergeries fermées, la vapeur qui sort du fumier et du corps des animaux infecte l'air et provoque la sueur. Les bêtes à laine, dans ces logemens trop chauds et mal-sains, perdent leur force, subissent quelquefois en sortant des arrêts de transpiration , et sont exposées à prendre des maladies. La laine y perd aussi de sa qualité , et le fumier s'y dessèche et s'y brûle. Il vaut donc mieux loger les troupeaux dans des bergeries ouvertes à plusieurs fenêtres , ce qui donne la facilité de faire circuler et de renouveller l'air. Un sol élevé et sec , à une bonne exposition, est également avantageux. Dans la belle saison , on peut encore loger les bêtes à laine sous des appentis ou des hangards, ou dans un parc.

Quant aux dimensions de la bergerie , on les calculera de manière à compter dix pieds carrés pour une brebis et son agneau ; huit pieds carrés pour un bélier ou un mouton, ou une brebis sans agneau , et six pieds pour un agneau : la hauteur sera de douze pieds au moins : des planchers seraient avantageux pour le placement des nourritures.

Pour qu'une bergerie soit saine , on ne doit éprouver, en y entrant , ni froid , ni chaleur , ni odeur forte d'ammoniac.

Il faut curer les bergeries de tems en tems , et non pas aussi fréquemment que quelques agronomes l'ont dit, parce que le fumier ne serait pas fait : le besoin se fera sentir par l'odeur et la chaleur. On y remettra souvent de la litière fraîche.

De la Nourriture à la Bergerie. Aussitôt que, par l'effet des frimats d'automne , l'herbe des pâturages est moins abondante ou perd de sa qualité, on commence par donner aux bêtes à laine, dans la bergerie , un peu d'alimens qu'on augmente graduellement à mesure que l'hiver approche , parce qu'elles trouvent de moins en moins à vivre dehors. Lorsqu'il n'y a plus rien à paître , on les nourrit entièrement pendant quelque tems, et l'on diminue ensuite progressivement ce qu'on leur donne, jusqu'à ce que le printems produise de l'herbe.

Beaucoup d'espèces d'alimens conviennent aux bêtes à laine : les mérinos s'accommodent de toutes, même de celles dédaignées par les autres espèces. Les principales sont : le sain-foin, la luzerne, le trèfle, la minette, le bon foin de prés élevés, des prés bas et non vasés ; des gerbées de froment, de méteil, de seigle, de paille d'avoine imparfaitement battue ; de celle de petite orge dans les tems humides, et de warats de bisaille, de vesce, de lentille, de dravière, d'hivernage, etc.

La nourriture sèche peut être composée alternativement de ces alimens. Si on en craint, avec M. *Daubenton*, quelque mauvais effet, on peut l'entre-mêler avec des alimens aqueux, tels que carottes, pommes de terre, bette-raves, navets, choux, etc. Il est même avantageux de le faire, comme de faire paître l'herbe verte aussitôt qu'il en pousse.

Quant à la quantité, elle sera suffisante plûtot qu'excessive et relative à la taille des animaux de la bergerie : en terme moyen, elle peut consister, pour une brebis pleine ou allaitante, en deux livres de foin de prairie naturelle ou artificielle, ou en autant de paille, ou moitié l'un moitié l'autre, ou entre-mêlé avec des warats ; le tout aidé d'une livre d'un mêlange de grains et de son gras, ou de deux livres de racines légumineuses. L'agneau ne doit avoir que la moitié de cette ration.

Malgré le préjugé contraire, la boisson est aussi nécessaire à la santé des bêtes à laine qu'à celle des autres animaux : l'eau ne paraît pas s'altérer à la bergerie, si on a l'attention de la renouveller chaque jour.

L'usage de donner du sel est bon , surtout dans les pays humides ; mais il ne me paraît pas rigoureusement nécessaire. Je connais beaucoup de troupeaux auxquels on ne donne pas de sel , et qui ne s'en maintiennent pas moins en bonne santé. La dose est d'une demi-once au plus par jour, pour chaque bête de taille moyenne. On peut le donner en substance, ou mêlé avec les alimens , ou en en aspergeant les fourrages.

Du Parcage. On donne le nom de parc à un espace dont on forme une enceinte avec des claies , et dans lequel est contenu un troupeau de bêtes à laine , au dehors et sans abri. L'air libre convenant beaucoup aux moutons, le parcage a le double avantage de contribuer à la bonne santé du troupeau , et de procurer aux terres un bon engrais. La bonne santé peut augmenter la toison , mais le parc ne donne pas à la laine plus de finesse , de qualité ou de valeur , comme on l'a pensé à tort.

On ne doit commencer le parcage que vers la saison où la température de l'air devient douce : on met à l'ombre le troupeau dans l'ardeur des jours d'été : on le fait rentrer à la bergerie à l'approche des orages , et l'on cesse de parquer en automne , assez tôt pour prévenir les pluies et le froid. Par ce moyen , on évite les rhumes , le flux par les narines, et les autres accidens qui sont la suite d'une transpiration arrêtée.

Pour un troupeau qui parque , les vents violens , la grêle et les loups sont à redouter. On se prémunit contre les vents en assujétissant bien les claies. A moins que la grêle ne surprenne pendant la nuit , on l'évite en retournant à la ferme. Les principaux moyens de soustraire le bétail aux ruses et à la voracité des loups, sont d'avoir des chiens courageux et surveillans , et des bergers actifs et soigneux , attentifs à s'éloigner des bois à l'approche de la nuit , et à faire rentrer de bonne heure les bêtes au parc. On pourrait les armer de pistolets , et exiger d'eux qu'ils tirassent chaque fois qu'ils entendraient du bruit. On a l'usage d'attacher des sonnettes au cou de plusieurs bêtes. On pourrait aussi adopter celui d'attacher au bout d'un long bâton une lanterne de fer-blanc avec des verres de différentes couleurs , renfermant une lampe qui ne consommerait guère que pour deux sous d'huile par nuit.

De la nourriture et de la conduite des mérinos aux champs.

Les moyens de subsistance en pacage qu'offre le déparment , sont les frîches ou les terres incultes , les jachères , les terres récoltées , et rarement les regains des prairies. On ferait bien d'y ajouter des ensemencemens en graines céréales , telles que seigle , orge , avoine , vescé , bizaille et autres plantes , pour les faire manger sur pied.

La durée du tems pendant lequel on nourrit les troupeaux aux champs , dépend de l'état de la température. Ainsi, cette durée est sujette à varier suivant les années.

On ne doit pas faire sortir les troupeaux quand il pleut , excepté dans les grandes chaleurs de l'été , si la pluie est légère et doit être de courte durée : dans ce cas, elle ne leur est pas nuisible ; alors même la rosée est un bien pour eux , parce qu'en attendrissant et humectant l'herbe trop sèche, elle la rend plus appétissante , les abreuve et les nourrit. Dans tout autre tems , on doit bien éviter de conduire les bêtes à laine sur des pâturages mouillés avant que le soleil

les ait séchés. Les prairies artificielles, la luzerne, le sain-
foin, et le trèfle surtout, sont les plus à craindre, parce-
qu'étant mouillés, ils occasionnent des météorisations qui
causent la perte des animaux, si on tarde à les secourir.

Trop d'humidité rend susceptible d'infiltration de
cachexie aqueuse la texture molle et lâche de la bête à
laine : la trop grande sécheresse, et la chaleur surtout
quand le soleil tombe d'aplomb sur la tête toujours baissée
et près de la terre, dilatent les humeurs contenues dans le
crâne, et donnent lieu à des apoplexies foudroyantes.
Les deux extrêmes ont également leurs inconvéniens et
doivent être essentiellement évités.

Je répète que la boisson est nécessaire à l'entretien de la
santé des troupeaux. Ceux qui en sont privés souffrent
beaucoup, digèrent mal des alimens secs et souvent con-
verts de poussière, et font un mauvais chyle qui communique de mauvaises qualités au sang. De là un grand
nombre de maladies.

*De la conduite des bêtes à laine en voyage. Il ne
s'agira ici que de la manière de faire voyager les
bêtes à laine dans l'étendue du département.*

Les saisons les plus favorables pour faire voyager les
bêtes à laine sont le printems et l'automne, où l'on peut
marcher à toutes les heures du jour. En été, on ne doit
marcher que matin et soir, afin d'éviter l'ardeur du soleil.
On doit aussi éviter autant qu'on le peut les chemins pavés,
ferrés ou pierreux, pour ménager les pieds des animaux.
On préférera pour le gîte des écuries ou des granges vides
à des bergeries, de crainte d'exposer le troupeau à cou-

tracter quelque maladie. Si les routes ne fournissent rien ou ne fournissent que trop peu de chose à paître, on y suppléera matin et soir par de la provende, du fourrage et de l'eau. Le conducteur sera attentif à contenir les chiens, à mener le troupeau très-doucement, sans jamais le presser, et il le reposera, de tems en tems, là où il trouvera un pâturage abondant dont il pourra user. Le repos pourra même être d'un jour ou deux par semaine, si la route est longue. On ne doit pas faire plus de six lieues par jour dans les longs jours, et on doit en faire moins dans l'hiver, saison qu'il faut éviter pour les voyages autant qu'on le peut.

De la Tonte. La tonte est la récolte des bergeries, et le mois de juin est l'époque de cette intéressante opération, à laquelle on procède avec de grands ciseaux. Le bon tondeur doit tondre le plus près possible de la peau, sans cependant la serrer de trop près par les ciseaux, sans laisser de sillons et sans blesser l'animal. On plie les toisons et on les attache avec des brins de jonc ou de la paille. La laine noire ou rousse ayant moins de prix que la blanche, attendu qu'elle ne prend point toutes espèces de couleurs, il est bon de la mettre à part. On placera le magasin de la laine dans un lieu sec et frais, et pas trop ouvert.

Il n'est pas prouvé qu'on préserve les jeunes bêtes à laine du tournis en s'abstenant de les tondre à la tête et au cou. On ne risque rien cependant de faire de nouveaux essais de ce genre.

Après la tonte, on doit prendre des soins particuliers pour la conservation des troupeaux. Les grandes chaleurs, le froid passager et les variations constantes de l'atmosphère dans nos climats , sont également à craindre. Une température modérée est celle qui convient à la bête à laine nouvellement dépouillée.

Des toisons et de la laine. Dans le département du Pas-de-Calais , les toisons de béliers indigènes peuvent peser chacune deux kilogrammes et demi (cinq livres) , celle de la brebis avec l'agneau un kilogramme et demi (trois livres), et celle du mouton deux kilogrammes (quatre livres). Ce poids moyen est celui de la laine lavée sur le dos de l'animal. Les mérinos se tondent en suint, et donnent : le bélier, cinq à six kilogrammes (dix à douze livres) de laine ; le mouton , quatre kilogrammes et demi à cinq kilogrammes et demi (neuf à onze livres) , et la brebis sans agneau, trois kilogrammes et demi à quatre kilogrammes (sept à huit livres). Cette laine perd au lavage , qui doit nécessairement se faire à chaud , près des deux tiers de son poids. Les métis donnent à-peu-près le même poids en suint, mais la laine perd moins au lavage.

Il faut mettre à part la laine des bêtes mortes ou malades, comme ayant moins de qualité que les autres.

Les laines se conservent plus long-tems en suint que lavées ; l'huile naturelle dont elles sont imprégnées en tient écartés long-tems les insectes qui les attaquent.

Parmi ces insectes, les plus nombreux sont plusieurs sortes de chenilles teignes : elles sont d'autant plus redoutables qu'il n'y a pas de procédé sûr pour les détruire. Le meilleur parti est de s'attacher à en préserver l'emplacement où sont les toisons, en le tenant très-propre, en tuant et nettoyant tous les papillons , leurs fourreaux et leurs crysalides, et en couvrant les laines avec des toiles.

Du lavage et désuintage des laines. Les laines communes se dégraissent aisément ; il suffit de les laver dans l'eau courante de rivière : mais le suint abondant des mérinos, cette humeur huileuse qui communique à leur laine l'onction, la plénitude et l'élasticité, fait une obligation de la soumettre à un désuintage plus compliqué dans l'exécution.

Il y a divers procédés pour cette opération ; mais je ne pense pas que la connaissance en soit utile aux propriétaires de ce département. Si elle pouvait être profitable à quelques-uns, ce ne serait jamais qu'à un très-petit nombre qui auraient un emplacement propre à y procéder, le tems de s'y livrer, les moyens de faire les avances des frais qu'elle exige, l'adresse de dégraisser la laine au point convenable, et des relations directes avec les fabricans ou les manufacturiers. Pour tous les autres propriétaires, le désuintage ne me paraît pas une opération lucrative : elle est onéreuse si elle est manquée, ou même imparfaite en plus ou en moins.

De la vente des laines. Il serait à désirer que les propriétaires de troupeaux pussent vendre leurs laines directement aux fabricans ; mais ne les connaissant pas, et n'ayant aucun moyen de les chercher, ils sont obligés d'attendre qu'on vienne chez eux, et ils ne peuvent traiter qu'avec des marchands intermédiaires, qui revendent ensuite avec gain aux fabricans. Cet usage est autant au détriment du vendeur, que celui de donner les quatre au cent de livres de laine ou de toisons : il vaudrait mieux que les marchés se fissent pour des quantités réelles et effectives, sans aucune addition.

Il y a plus de profit pour le vendeur à livrer les laines

immédiatement après la tonte , parce qu'en séchant elles perdent et sont exposées aux insectes. Il est aussi plus avantageux pour l'acheteur de les recevoir à l'époque la moins éloignée de la tonte , parce qu'elles se dégraissent mieux ayant plus de suint : la saison d'ailleurs est plus favorable pour le lavage.

De la vente des bêtes à laine. Les béliers et les moutons peuvent être vendus dans toutes les saisons de l'année. Pour les brebis et les jeunes agneaux , il vaut mieux attendre le sevrage et même le tems où les mères ne sont plus incommodées de leur lait , et celui où les agneaux mangent bien de l'herbe , à moins que , pour les transporter ailleurs , on n'ait qu'une très-petite distance à parcourir.

Dans les établissemens du gouvernement , on vend toujours les bêtes couvertes de leurs toisons : il serait avantageux de généraliser cet usage , en vendant à proportion : l'acheteur aurait plus de facilité pour juger de la qualité de la laine.

§ 5. *Des maladies des bêtes à laine en général.*

Ce paragraphe , s'il était fait pour des vétérinaires , exigerait une étendue considérable qui ne pourrait trouver place ici : mais n'ayant spécialement en vue dans cette instruction que les cultivateurs et les bergers , cette classe d'hommes précieux pour l'art agricole n'a besoin d'être éclairée que sur les signes précurseurs des maladies , sur ceux qui les caractérisent d'une manière particulière , et surtout sur les moyens préservatifs, bien plus essentiels à faire connaître ici que ceux curatifs. Ceux-ci sont purement du ressort des gens de l'art , auxquels il ne faut pas négliger d'avoir recours dès qu'une bête annonce qu'elle est ou va être malade.

Les maladies des bêtes à laine se distinguent en épizootiques, en enzootiques, en sporadiques, et en contagieuses. Par épizootiques, on entend celles qui se répandent sur un grand nombre d'animaux, sans distinction de pays et dans tous les tems, comme le claveau, la gale , etc. Par enzootiques, celles qui sont attachées à certaines contrées, et reviennent chaque année aux mêmes époques, telles que la pourriture dans les lieux bas , brumeux et mouillés. Par sporadiques, celles qui surviennent sans régularité partout indistinctement à quelques animaux seulement; par exemple, le tournis , etc. Le mot contagieux désigne une qualité et non une maladie à part ; il exprime celles qui se communiquent d'un animal à un autre, soit par le contact immédiat, soit par des intermédiaires ; par exemple, le charbon, le claveau, la gale , etc. Parmi les maladies épizootiques et sporadiques, il s'en trouve de contagieuses et de non-contagieuses.

Indépendamment de ces différentes classes de maladies, il y en a de moins étendues qu'il faut regarder comme accidentelles : telles sont les dépôts, les tumeurs, les blessures au bas des cornes occasionnées par les combats des beliers entre-eux, les coupures que font les tondeurs inattentifs , les morsures des chiens et les fractures aux jambes.

Il y a en général peu à espérer des remèdes internes dans les ruminans, et par conséquent dans les bêtes à laine , excepté des boissons données en grand lavage, et de ce qu'on peut administrer en lavemens. Ces sortes d'animaux ont quatre estomacs ; la panse , le bonnet , le feuillet et la caillette. La panse , le plus volumineux des quatre , est celui qui reçoit les alimens et qui les contient en grande masse , jusqu'à ce que successivement ils reviennent dans la bouche pour être broyé et passer ensuite dans les trois autres. Il est aisé de concevoir que des médicamens qu'avalerait un animal , étant introduits dans une quantité considérable de matières non-digérées , perdent en tout ou en partie leur vertu , par conséquent font peu d'effet. Pour qu'ils pussent en produire de grands, il faudrait qu'ils fussent très-actifs ; mais si quelques portions venaient à toucher aux parois de la panse, elles pourraient les corroder , y causer des inflammations et même la gangrène. La chirurgie vétérinaire est presque la seule qu'on puisse employer; les cas chirurgicaux sont rares , et malheureusement il y a bien des circonstances où l'on désirerait autre chose. C'est sur la médecine préservative qu'on doit le plus compter : un bon régime, beaucoup d'attention , de l'exactitude à prendre les mesures que j'ai indiquées pour la nourriture , le logement , la conduite des troupeaux , etc. , sont les moyens les plus certains de leur éviter des maladies. Il y a tout à gagner à les conserver en bon état de santé ; on s'épargne de la dépense et des embarras : la constitution des individus en est plus forte ; ils donnent de meilleurs productions , et multiplient davantage.

Il faut prévenir que pour faire avaler à des bêtes à laine des remèdes en boisson , ce qu'on ne peut le plus souvent qu'en les forçant , il y a des précautions à prendre , car rien n'est plus facile que de les suffoquer : il faut en verser dans leur bouche à plusieurs reprises, et les laisser respirer librement dans les intervalles. On doit avoir la même attention, si on les expose à des fumigations pénétrantes.

Du claveau. Le claveau, clavelée, petite vérole, etc., est une maladie épizootique, contagieuse et d'un genre inflammatoire, qui attaque les bêtes à laine une fois en leur vie. Son caractère particulier est une éruption de pustules qui la rend parfaitement analogue en tout à la petite vérole humaine. *La belle découverte de la vaccination, a été tentée sans succès, pour être le préservatif du claveau, comme elle est celui de la petite vérole.* L'inoculation a plus heureusement réussi, en rendant plus bénigne l'éruption naturelle du claveau chez les bêtes qui en ont le principe, et en en préservant les autres, quand le claveau se manifeste dans un troupeau. Il est donc très-avantageux d'inoculer toutes les bêtes qui n'en sont pas encore sensiblement attaquées. Si, sans attendre une épizootie, on pratiquait l'inoculation sur les agneaux après le sevrage, elle préviendrait des soins et des inquiétudes. Les meilleurs préservatifs sont ensuite de bons alimens, un air pur et sain, un exercice modéré, une grande propreté, tout ce qui peut concourir à éviter toute communication soit avec des animaux affectés, soit même avec des animaux étrangers, etc., etc. Les causes de cette maladie désastreuse résident dans la négligence et l'oubli de ces soins. Si malgré toutes les précautions, le claveau pénètre dans un troupeau, on doit : 1° faire les déclarations prescrites dans les réglemens de jurisprudence vétérinaire ; 2° prévenir ses voisins propriétaires de troupeaux, que le claveau existe dans tel troupeau, dans telle commune, etc. ; 3° pratiquer sur-le-champ l'inoculation du même claveau, qui au premier tems est toujours bénin ; 4° séparer les animaux sains des malades , et mettre ces derniers dans une infirmerie ; 5° tenir ceux-ci dans la plus grande propreté, assainir tous les jours la bergerie ou l'infirmerie, à l'aide du procédé désinfectant de M. *Guiton de Morveau*, dont je donnerai plus loin la description ; 6° appeler dès le principe un vétérinaire, et se confier absolument en lui.

De la gale et des dartres. La gale est une maladie de peau , qui consiste dans une éruption de pustules accompagnée de prurit. Les pustules qui constituent les dartres sont beaucoup plus petites , beaucoup plus rassemblées et tassées, et beaucoup plus nombreuses. On remarque quelquefois des croubrûnes sur le museau et sur les côtés de la tête : cette affection porte le nom de *noir museau* , ou *vivrogne*. Ces trois maladies sont analogues , et l'on devra y rapporter tout ce que je vais dire de l'une d'elles.

On reconnaît la gale à ce que l'animal se gratte , se frotte la partie affectée ; il se détache en cet endroit des mèches de laine pendantes. La laine qui croît pendant cette maladie est sèche, cassante et sans qualité. Les moyens de s'opposer habituellement à l'invasion de la gale, sont de tenir la bergerie propre et aérée, de conduire sans vîtesse le troupeau dans les champs , d'éviter la pluie et le séjour humide ; de régler la nourriture de manière que le troupeau soit toujours en bon état , jamais maigre , jamais gras , et d'éviter toute communication. Les causes dérivent de la non-observation de ces préservatifs. Quant au traitement , on aura recours à un homme de l'art.

Des aphtes des agneaux. Les agneaux ont quelquefois sur les lèvres ou dans l'intérieur de la bouche , des exco-

riations et de petits boutons qui les tourmentent beaucoup
et qui les empêchent de teter. Tout ce qu'il y a à faire
est de choisir la mère de chacun de ces jeunes animaux ,
exprimer son lait plusieurs fois par jour dans la bouche
du petit, et, à l'aide d'un pinceau de linge, étuver fortement
et à plusieurs reprises les endroits affectés , avec un
mélange de poivre , de sel et de vinaigre.

Du charbon. Le charbon ou antrax est une affection
gangréneuse , le plus souvent épizootique et funeste. Sa
marche est très - rapide; elle tue quelquefois dans les
vingt-quatre heures. On l'attribue à des boissons mal-
saines , à des travaux forcés, à la contagion , etc. Dans
cette maladie , il se forme au dehors des tumeurs qui se
font remarquer par leur dureté, le volume et l'étendue
qu'elles acquièrent en peu de tems ; bientôt, si le secours
n'est pas prompt, elles noircissent et répandent une odeur
infecte , et l'animal ne tarde pas à périr. Le charbon se
communique d'un animal à un autre , et même d'un
animal à l'homme. Il n'y a guère que des sétons appliqués
de bonne heure , qui puissent 'en préserver des animaux
pour lesquels on craindrait , s'ils étaient dans le voisinage
d'une épizootie de ce genre : on peut cependant leur faire
prendre des breuvages composés d'eau , de sel et de vinaigre. Le meilleur moyen curatif est la cautérisation pleine
et entière des tumeurs.

De la pourriture. La pourriture est une véritable
cachexie aqueuse, dans laquelle le sang est décoloré, le
corps pâle, livide, bouffi, la circulation lente, la chaleur
éteinte; la lymphe se répand dans les tissus, les liqueurs
ne sont plus élaborées, les forces s'épuisent, et l'animal

se détruit. Elle est enzootique, et selon M. TESSIER, elle se communique de la mère à l'agneau naissant; mais elle n'est pas d'ailleurs contagieuse; et si des troupeaux entiers en sont attaqués à-la-fois, c'est que la même cause agit en même-tems sur toutes les bêtes. Dans cette maladie lente et froide, l'œil est gras, c'est-à-dire que le corps graisseux qui sert de base à la membrane clignotante est boursoufflé et infiltré; les lèvres et le palais sont pâles, le frein de la langue est engorgé; la bête est triste, nonchalante, abattue; les ars, le plat des cuisses, et l'enfoncement qui existe vers l'œil, sont desséchés; toute la peau est pâle et molle; la laine est sèche, et cède au moindre tiraillement; la rumination est lente quoique l'appétit se soutienne; l'animal est constipé, et souvent atteint de diarrhée; le pouls est petit, lent, faible; les urines sont rares, claires, limpides; puis il se forme sous la ganache une tuméfaction molle, froide, indolente, effet d'une infiltration sous la peau, qui croît durant le jour et qui est dissipée ou diminuée le matin. Ce dernier symptôme, qui n'a lieu que dans les tems avancés de la maladie, annonce presque toujours une mort prochaine.

La pourriture est occasionnée par des pâturages humides et marécageux, couverts de rosée, où il règne des vapeurs qui ne s'élèvent quelquefois qu'à la hauteur des moutons; par des plantes aquatiques, renoncules, douves, lèches, etc.; par les inondations, les foins et les pailles mouillés, les eaux stagnantes, les pluies continuelles, les alternatives de chaud, de froid et d'humidité, le défaut et l'excès de nourriture, etc., etc.

Pour préserver les bêtes à laine de cette maladie, il convient de ne les faire passer que par dégrés d'un aliment à l'autre, et principalement du fourrage sec au fourrage vert, et *vice versa* ; comme aussi d'éviter toutes les causes, et de diminuer l'action de celles existantes. L'usage du sel est indispensable. La migration des troupeaux d'un lieu humide à un lieu sec peut encore prévenir ou guérir la pourriture.

La pourriture est incurable quand elle est très-avancée, quand les animaux sont dans le marasme ou très-près d'y être. On combat la maladie commençante avec les acides et les astringens, soit du règne végétal, soit du règne minéral. On les met en usage pour fortifier les vaisseaux, en se gardant bien d'exciter des évacuations qui seraient redoutables, par le surcroît d'affaiblissement qui en résulterait. On est quelquefois obligé d'avoir recours aux antiputrides.

De la maladie des bois. Quand les bêtes à laine mangent les jeunes pousses des arbres forestiers, surtout les feuilles de chêne qui sont austères et fort styptiques, ils contractent une indigestion inflammatoire et quelquefois gangréneuse. Elle s'annonce en premier lieu par une sécheresse générale ; les urines sont crues et abondantes, et les excrémens durs ; il y a de la chaleur à la peau, fièvre et cessation de rumination. Le seul préservatif est de ne pas mener les troupeaux dans les bois, au tems de la pousse. La diète et les boissons délayantes en grand lavage, sont les premiers moyens curatifs à la portée des cultivateurs et des bergers.

De la maladie du sang. Cette maladie est une véritable apoplexie sanguine, qui tue ses victimes comme d'un coup de foudre. L'animal qui en est frappé s'arrête tout-à-coup, paraît étourdi, chanchelle et trébuche sur ses quatre jambes: il ouvre la bouche, il écume, et rend du sang par le fondement et par le canal des urines; bientôt il tombe à la renverse, bat du flanc, râle et meurt, quelquefois en moins d'une demi-heure. Alors on voit sortir de sa bouche et de ses narines un sang noir et épais; son corps ne tarde pas à se gonfler et à se putréfier. Les principales causes sont, outre la constitution des individus, dans le régime, la sécheresse et la chaleur de l'été, les courses trop précipitées, etc. Tout remède est inutile à la bête qui tombe attaquée du sang; elle est à l'instant frappée de mort: mais un premier accident est un avertissement de chercher à en prévenir d'autres. Pour cet effet, et sans perdre un moment, on examinera alternativement tous les individus qui composent le troupeau, et on saignera sur-le-champ tous ceux qui, par leur force ou par la couleur vermeille des yeux, des lèvres et de la bouche, annonceront un état de plénitude sanguine.

Du tournis. Le tournis n'attaque que les jeunes animaux, et consiste en une ou plusieurs hydatides ou vésicules pleines d'eau, qu'on trouve dans la tête, soit aux parois internes des pariétaux, soit au milieu du cerveau, où elles grossissent au point de comprimer ce viscère, et de le réduire à un très-petit volume. On en a vu qui occupaient les trois-quarts de la capacité du crâne. Ces hydatides sont des corps organiques, de véritables vers. Malheureusement, nous n'avons encore, jusqu'à présent, que peu ou point de données sur les causes qui font naître ou qui facilitent le développement ou l'introduction de ces animaux parasites.

Les symptômes principaux qui font reconnaître cette

affection, s'annoncent par une roideur dans toute la colonne vertébrale , par une espèce de stupeur , et par un tournoiement à droite ou à gauche, ou des deux côtés. En faisant l'inspection de la tête, on trouve un ou plusieurs points flexibles aux pariétaux, sous la pression du pouce ; c'est le lieu du séjour de l'hydatide. Cet amincissement de l'os est occasionné , avec le tems, par la pression de la même hydatide contre le pariétal.

On n'a pas encore de données parfaitement sûres sur la cure du tournis. Le traitement qu'on a jusqu'à présent tenté avec le plus de succès, consiste à faire une ponction sur le pariétal à l'endroit répondant à l'hydatide , ménagée de manière qu'elle perce ce corps globuleux sans blesser le cerveau, et que l'eau s'écoule au-dehors, sans qu'elle puisse s'épancher dans le crâne. *

Il ne faut pas confondre cette maladie avec une espèce de vertige occasionnée par des vers dans les sinus frontaux et éthmoïdaux , dont nous parlerons plus loin.

De la météorisation ou enflure de la panse. Le sain-foin, la luzerne, le treffle , et toutes les substances nutritives abondantes en air, surtout si les ruminans les ont prises avec avidité et en quantité mouillées ou couvertes de rosée ou de gêlées blanches , fermentent dans la panse et laissent dégager de l'air qui l'a fait enfler au point de rendre l'animal plus gros qu'il ne devrait être. Alors le mouton reste debout sans manger : il souffre, il s'agite ,

---

* La Société d'agriculture de Boulogne a fait opérer plusieurs brebis attaquées du tournis : l'extraction de l'hydatide s'est faite sans difficulté , et les animaux ont été guéris. La commission qui a été chargée de suivre ces opérations, présentera incessamment son rapport à la Société, qui s'empressera de le publier.

il bat des flancs ; sa respiration est gênée, la rumination est interrompue ; le ventre est tendu, et résonne quand on le frappe, sans donner aucun signe de fluctuation de matières liquides. L'augmentation considérable du volume de la panse comprimant les gros vaisseaux, le cours du sang est arrêté, et la mort s'ensuit si on ne la prévient par de prompts secours qui puissent faciliter la sortie de l'air par les intestins ou la circulation du sang dans les gros vaisseaux. La course des moutons, leur immersion dans l'eau la plus froide, quelquefois la saignée, les frictions sur le dos et le ventre, et la diète, sont les premiers moyens à mettre en usage. S'ils sont insuffisans, on a recours aux substances alcalines, à l'alcali-volatil fluor surtout ; et en dernière analyse, on fait la ponction de la panse avec le trocar. *

On prévient cette maladie en s'abstenant de faire paître les troupeaux sur des herbes mouillées, couvertes de rosée, de brouillard ou de gelée blanche ; en ne les conduisant pas dès le matin, lorsqu'ils sont affamés, dans des pâturages abondans et succulens ; en leur laissant au contraire passer leur grosse faim sur des pâturages maigres, et en ne les faisant pas boire après qu'ils ont mangé des légumes farineux.

Des vers. Je ne parlerai plus du tœnia cérébral, globuleux ou vésiculaire, qui, enveloppé d'une hydatide ou

---

* A défaut de trocar, le berger peut opérer avec un couteau qu'il enfonce au centre du flanc gauche, à égale distance de la dernière côte, des hanches, et des vertèbres lombaires, afin d'ouvrir la panse : on y introduit aussitôt un tuyau de métal, ou un roseau, afin de procurer l'issue des gaz.— La plaie se lave ensuite avec du vin chaud et se couvre d'un plumaceau de charpie enduit de térébentine.

sac contenant une humeur aqueuse, constitue le tournis. Un autre tœnia, à anneaux et en ruban, se rencontre dans les intestins. D'autres vers ont leur siège dans diverses parties du corps, principalement dans la tête, la poitrine et le bas-ventre : on en voit même de cantonnés dans des viscères. La mouche œstre dépose dans les naseaux des œufs qui, devenus larves, s'insinuent dans les sinus frontaux et ethmoïdaux, s'y développent et s'y nourrissent, causent des douleurs cruelles, et occasionnent des ravages qui font souvent succomber l'animal. On voit aussi des mouches pondre dans la vulve des brebis, ou dans les blessures faites par une cause quelconque à la base des cornes des béliers. Un peu d'essence de térébentine détruit les vers qui naissent de la ponte de ces mouches. On n'a pas les mêmes ressources contre les fascioles ou douves qui vivent dans les pores biliaires du foie, et même dans le vésicule du fiel, ni contre les crinons ou dragonneaux qui séjournent dans la trachée-artère et dans les bronches. Ces vers filamenteux ont trois ou quatre pouces de longueur. Ces animaux parasites ne sont guères attaquables par des remèdes particuliers; ils tiennent à des maladies qui en favorisent la multiplication. En prévenant les maladies, on empêche leur naissance. On doit éviter aussi toutes les causes débilitantes. L'anti-vermineux par excellence est l'huile animale empireumatique, dont nous devons la découverte à M. CHABERT.

Des tiques et des poux. La tique ou tiquet s'attache aux moutons, s'y cramponne avec ses pattes, et on ne peut l'en arracher qu'en faisant saigner la place où elle est. Les poux parcourent les diverses parties du corps, causent des démangeaisons, fatiguent l'animal, et le font maigrir sensiblement. On s'oppose au mal causé par ces insectes en les touchant avec des corps gras, auxquels on peut ajouter, si besoin en est, quelque préparation mercurielle.

Des gobes ou égagropiles. On donne ce nom à des substances arrondies ou alongées, couvertes d'une croûte grisâtre et répandant une odeur de fiente. Elles se trouvent dans la caillette ou quatrième estomac, et sont composées d'un amas de filamens entortillés et comme feutrés, formés des brins de laine qu'avalent les moutons soit en se léchant eux-mêmes, soit en prenant sur le dos les uns des autres des épis ou bourres de fourrages, soit en broutant des feuilles de buissons qui retiennent des parties de toison. Il y a des brebis qui ont de la laine autour des mamelons : si les bergers n'ont pas soin de l'ôter, les agneaux en avalent et contractent des gobes.

Des préjugés funestes ont attribué la présence de ces corps dans la caillette à la malignité et à la méchanceté des hommes, et ont donné lieu à des condamnations injustes et flétrissantes. On a prétendu que les égagropiles étaient fabriquées artificiellement, et jetées à dessein sur le passage des troupeaux pour qu'ils s'empoisonnassent en les avalant. Mais il est authentiquement prouvé que cette fâcheuse idée est une erreur. Les gobes sont des compositions naturelles, qui ne sont point l'ouvrage de l'homme, mais bien celui de l'animal même. On ne sait pas bien jusqu'à quel point elles peuvent influer sur la santé des bêtes à laine; elles ne peuvent guères causer la mort qu'en fermant le pylore, qui est le passage de la caillette aux boyaux; mais alors il faut que ces corps soient en grand nombre ou d'un volume considérable. Il n'y a point de remèdes ni de procédés pour en procurer l'expulsion ou l'extraction. Les mucilagineux, les purgatifs doux semblent les seuls médicamens dont on puisse faire l'essai avec quelque espérance. Écarter les troupeaux des buissons, tenir les râteliers assez droits pour qu'il ne tombe sur les toisons aucune partie de fourrages, enlever la laine du pis des brebis, sont les seuls préservatifs dans lesquels on doit placer sa confiance.

De la désinfection des bergeries. Pendant une maladie pestilentielle et contagieuse des bêtes à laine, il est utile de tenir les bergeries propres, d'y procurer à l'air une libre circulation, et d'y renouveler la litière. Quand la maladie est passée, on doit procéder à une désinfection, pour purifier le local avant d'y remettre les animaux. Dans cette vue, on ôtera tout le fumier, on ouvrira les portes et les fenêtres; on lavera, à l'eau bouillante, les râteliers, les mangeoires et les murs jusqu'à trois pieds environ de hauteur : on enlèvera deux pouces de la terre du sol, et l'on en substituera d'autre : ensuite on emploiera le procédé désinfectant qui est dû à M. Guiton de Morveau. Voici en quoi il consiste : mettez sur un réchaud, plein de charbons allumés, une terrine large dans laquelle il y aura environ quatre onces de sel commun un peu humide; portez ce vase dans la bergerie, et versez-y trois onces environ d'huile de vitriol. On fermera les portes et les fenêtres, et on se retirera aussitôt, pour ne pas respirer la vapeur suffoquante qui se dégagera et remplira tout l'intérieur : on n'ouvrira que lorsque cette vapeur sera entièrement dissipée; alors on pourra y faire entrer les animaux.

Rapport fait à la Société d'Agriculture, du Commerce et des Arts de Boulogne, au nom de la commission chargée d'examiner l'extrait de l'instruction sur l'éducation des bêtes à laine de M. TESSIER, par M. HURTREL-D'ARBOVAL, correspondant.

M. PICHON, rapporteur.

Messieurs,

VOUS nous avez chargés MM. DE CORMETTE, DE FRESNOY, DUCARNOY, LORGNIER, MENNEVILLE et moi, d'examiner un mémoire de M. HURTREL-D'ARBOVAL, notre collègue, ayant pour titre: « *Extrait* » *de l'instruction de M. TESSIER sur les bêtes à* » *laine, et particulièrement sur la race des mérinos,* » *contenant la manière de former de bons troupeaux,* » *de les multiplier et soigner convenablement en* » *santé et en maladie; ouvrage mêlé de considéra-* » *tions particulières au Pas-de-Calais, et destiné aux* » *cultivateurs et aux bergers de ce département.* »

Dès que S. E. le MINISTRE DE L'INTÉRIEUR vous eût adressé l'ouvrage de M. TESSIER sur l'éducation des bêtes à laine, vous jugeâtes qu'il serait du plus grand avantage, pour l'amérioration de celles du département du Pas-de-Calais , de faire connaître à tous les cultivateurs propriétaires de troupeaux , et aux bergers même s'il était possible , cette intéressante instruction , comme le plus sûr guide qu'ils eussent à suivre pour le bien-être des bêtes à laine , et le meilleur ouvrage à consulter dans les diverses circonstances où leur santé pourrait être compromise.

Notre collègue s'est bien pénétré de vos intentions : il a divisé son mémoire par articles correspondans à la division adoptée par M. TESSIER : il n'a pas cru devoir faire mention de plusieurs objets , de diverses pratiques en usage dans d'autres contrées et dont l'application ne saurait avoir lieu dans le Pas-de-Calais. Mais il s'est attaché à donner à son analyse assez d'étendue pour indiquer d'une manière précise et claire , quoique succincte , ce qu'il importe de savoir , et faire désirer au lecteur de trouver, dans l'ouvrage même de M. TESSIER , cette instruction et ces développemens utiles qui lui donnent autant d'intérêt.

Vous penserez sans doute , messieurs , comme votre commission , que la publication de l'extrait présenté par M. HURTREL-D'ARBOVAL ne peut qu'être infiniment avantageuse dans ce moment où les idées d'un grand nombre de propriétaires se fixent sur l'a-

mélioration de leurs troupeaux , soit par les encourage-
mens et les récompenses que vous avez offerts à ceux
qui contribueraient à augmenter le nombre des races
améliorées , soit par l'impulsion produite par les dispo-
sitions bienfaisantes du décret impérial du 8 mars dernier , et l'espérance que S. E. a donnée à M. le PRÉFET
que le Pas-de-Calais serait compris au nombre des
départemens destinés à recevoir des dépôts de béliers
mérinos.

Ah ! si l'exemple donné depuis quarante ans par
l'un de nos plus estimables collègues (M. DELPORTE),
doit être suivi dans tout le département sous l'influence
de l'autorité administrative ; si nos richesses actuelles
doivent s'accroître successivement par l'effet du croisement des béliers purs avec nos brebis indigènes,
hâtons-nous de préparer les voies à l'exécution d'un
si vaste projet , en répandant parmi les cultivateurs
et les propriétaires de troupeaux de ce département le
mémoire de M. HURTREL-D'ARBOVAL. Déjà plusieurs
Sociétés d'Agriculture de l'Empire ont publié des
extraits plus ou moins étendus de l'instruction de
M. TESSIER ; mais parmi ceux qui sont parvenus à
notre connaissance , il n'en est aucun qui ait présenté
d'une manière plus complette et plus satisfaisante
l'analyse de cette intéressante instruction. Espérons
que le zèle qui anime tous vos correspondans con-